手工巧制作

SHOUGONG QIAO ZHIZUO

重庆市成人教育丛书编委会 编

重庆大学出版社

图书在版编目（CIP）数据

手工巧制作 / 重庆市成人教育丛书编委会编. ––重
庆：重庆大学出版社，2021.8（2021.9重印）
ISBN 978-7-5689-2689-8

Ⅰ.①手… Ⅱ.①重… Ⅲ.①手工艺品—制作 Ⅳ.
①TS973.5

中国版本图书馆CIP数据核字（2021）第085981号

手工巧制作

重庆市成人教育丛书编委会 编
责任编辑：王晓蓉 版式设计：王晓蓉
责任校对：谢 芳 责任印制：赵 晟

*

重庆大学出版社出版发行
出版人：饶帮华
社址：重庆市沙坪坝区大学城西路21号
邮编：401331
电话：（023）88617190 88617185（中小学）
传真：（023）88617186 88617166
网址：http://www.cqup.com.cn
邮箱：fxk@cqup.com.cn（营销中心）
全国新华书店经销
重庆升光电力印务有限公司印刷

*

开本：787mm×1092mm 1/16 印张：7.75 字数：88千
2021年8月第1版 2021年9月第2次印刷
ISBN 978-7-5689-2689-8 定价：39.00元

编委会

老年人是国家和社会的宝贵财富，老年教育是我国教育事业和老龄事业的重要组成部分，发展老年教育是建设学习型社会、实现教育现代化、落实积极应对人口老龄化国家战略的重要举措，是满足老年人多样化学习需求、提升老年人生活品质、促进社会和谐的必然要求。

为认真贯彻落实《国务院办公厅关于印发老年教育发展规划（2016—2020年）的通知》（国办发〔2016〕74号）、《重庆市人民政府办公厅关于老年教育发展的实施意见》（渝府办发〔2017〕192号）的要求，重庆市教育委员会委托重庆市教育科学研究院组织编写了"重庆市成人教育丛书"，旨在为重庆市老年教育提供一批具有重庆地方特色、符合老年人学习与发展规律的学习资源，增强老年教育的实用性、针对性和持续性。

重庆市教育科学研究院组织开发的"桑榆尚学"老年教育课程包括养生保健、文化艺术、信息技术、家政服务、社会工作、医疗护理、园艺花卉、传统工艺8个系列100余门课程，编写了《老年保健好处多》《运动让你更健康》《养生之道老年人吃什么》《一起学汉字》《一起学算术》《能说会写》《能认会算》《智慧生活好助手》《婴幼儿照护》《宠物养护与常见病防治》《果蔬种植实用手册》《家禽养殖技术指南》《金融防诈骗》《让家人喜欢你》《老年人常见病防治》《老年日常生活料理》《养花养草自在晚年》《家庭插花艺术》《手工巧制作》19 本，具有以下特点：

一是案例来自生活。书中选用大量生活中的案例，贴近老年人生活实际，让老年人身临其境般学到自己感兴趣的知识，增加老年人的学习热情。

二是内容通俗易懂。书中内容应用性知识篇幅适当，穿插案例、提供图片，让学习过程生动活泼，让老年人愿学、爱学、乐学，在运用中学习知识、在操作中掌握技能。

三是版式设计新颖。从版式设计上，读本内容丰富、图文并茂、简洁大方，书中文体、字体、字号都符合老年人的阅读习惯和审美取向。

四是增加数字资源。后期编写的读本与时俱进，应用了现代信息技术手段，一些章节的操作技能学习中，精心制作了配套数字资源，扫描二维码即可观看操作流程，形象生动。

"重庆市成人教育丛书"既可作为老年大学和社区教学资源的补充，也可供老年人居家学习所用。在编写过程中，虽然我们本着科学严谨的态度，力求精益求精，但难免有疏漏之处，敬请广大读者批评指正。

重庆市成人教育丛书编委会

2021 年 3 月

目 录

手工制作篇

糕点制作篇

非遗工艺篇

食品雕刻篇

手工制作篇

第一章
衍 纸

　　衍纸也称卷纸，起源于 15~16 世纪欧洲，后演变成一种喜闻乐见的手工工艺，并在全世界流行。衍纸作品是通过对衍纸的卷、捏、拼、贴等方式，组合完成，常用于卡片、装饰画、装饰品的制作。它具有较强的实践性、操作性和创意性。

　　衍纸创作不仅能丰富老年生活，提高老年人的审美情趣，还可以增进亲友情谊。让我们一起走进衍纸课堂，"衍"缓衰老，"纸"要精彩！

第一单元　衍纸书签

一、材料准备

各色5毫米和10毫米衍纸条、衍纸笔、衍纸梳、手工剪刀、白胶、书签、卡纸、毛线等。

二、制作方法

1.制作仙人球书签

步骤一： 用手工剪刀截取三条适当长度绿色衍纸条。

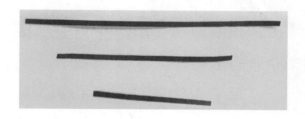

步骤二： 用衍纸笔做大小不一的三个松卷。

步骤三： 用手工剪刀截取两条适当长度粉色衍纸条。

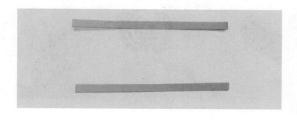

衍纸书签

扫码
观看

3

步骤四：用衍纸笔把粉色衍纸条做成两个小松卷。

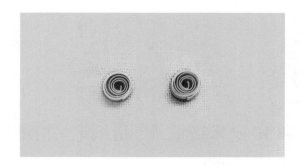

步骤五：双手食指、中指同时往里挤压，形成鸭掌状。

步骤六：做两个鸭掌卷。

步骤七：用棕色衍纸条做一个梯形卷，作为花盆。

步骤八：将做好的零件，按自己的喜好组合在书签卡纸上。

步骤九：书签孔中装上毛线流苏。

2. 制作仙人掌书签

步骤一：用衍纸梳做仙人掌主干，将绿色衍纸条的一端卡在衍纸梳的第二格齿针上。

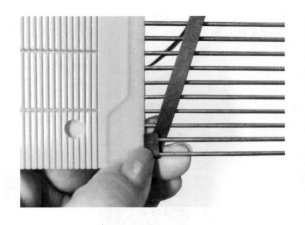

步骤二：每绕一圈增加一格齿针，依次缠绕至所需长度。

步骤三：剪断，固定。

步骤四：使用衍纸梳用同样的方法做出七条（三条最长，两条中等，两条最短）。

步骤五：包边。

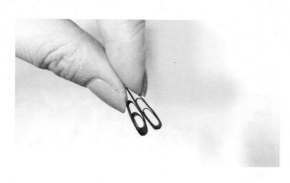

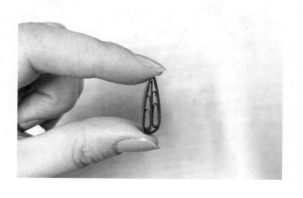

步骤六：用手工剪刀截取三小段 10 毫米粉色衍纸条，分别做成三朵流苏花苞卷。

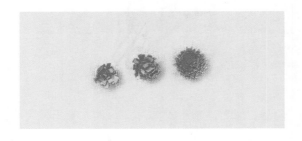

步骤七：用衍纸笔按自己的喜好做一个彩色花盆（也可用彩色卡纸剪成花盆形状）。

步骤八：将做好的零件组合在书签卡纸上，并将毛线流苏穿过书签孔。

第二单元　衍纸动物

一、材料准备

各色5毫米衍纸条、手工剪刀、白胶、衍纸笔等。

二、制作方法

1. 制作小鱼

步骤一：选择一整条红色衍纸条，用衍纸笔做一个眼睛卷。

步骤二：用手工剪刀截取四段金黄色衍纸条，做四个小的眼睛卷。

步骤三：用白胶将小眼睛卷贴在大的眼睛卷旁边，作为鱼尾和鱼鳍。用同样的方法，可以做不同颜色和大小的鱼。

2. 制作青蛙

步骤一：选择一整条浅绿色衍纸条，用衍纸笔做一个松卷。

步骤二：将松卷做成泪滴卷，作为青蛙的身体。

步骤三：用手工剪刀截取两段浅绿色衍纸条，做成松卷。

步骤四：将两个松卷做成两个小的泪滴卷，作为青蛙的两条腿。

步骤五：将黄色和浅绿色衍纸条用白胶拼接起来。

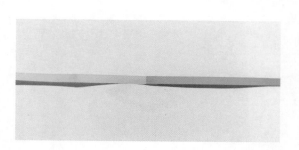

步骤六：从黄色一端开始裹。

步骤七：做成一个松卷。

步骤八：捏压成一个眼睛卷。

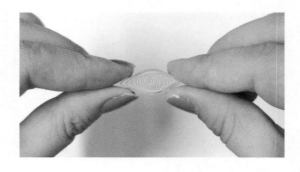

步骤九：眼睛卷内黄外绿，作为青蛙的大嘴。

步骤十：把黑色衍纸条和一小段浅绿色衍纸条用白胶拼接起来。

步骤十一：从黑色一端开始裹。

步骤十二：做成两个小紧卷，作为青蛙的眼睛。

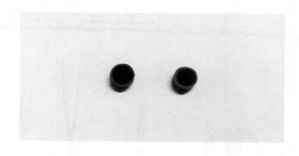

步骤十三：把所有的零件按照下图拼起来，用白胶固定成形。

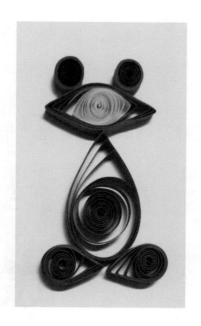

第三单元　衍纸荷花

一、材料准备

各色衍纸条（3毫米、5毫米、10毫米三种规格）若干、衍纸笔、白胶、手工剪刀、镊子等。

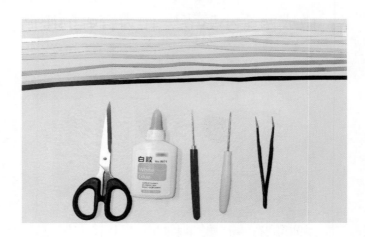

二、制作方法

1. 制作荷花

（1）制作花蕊

步骤一：用手工剪刀截取七根3毫米的黄绿色衍纸条。

步骤二：用衍纸笔做出七个较小的紧卷。

步骤三：用白胶将四条长 39 厘米、宽 5 毫米的绿色衍纸条依次连接。

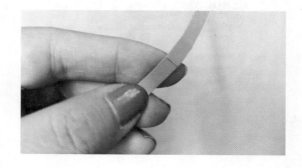

步骤四：用衍纸笔卷起来做成一个大的紧卷。

步骤五：用白胶将小紧卷粘贴到大的紧卷上面。

步骤六：用手工剪刀截取宽 10 毫米、长 20 厘米的黄色衍纸条，一边剪出流苏。

步骤七：将黄色流苏围在大紧卷周围，用白胶固定。

步骤八：整理流苏，作为花蕊。

（2）制作花瓣

将规格为 5 毫米的粉红色衍纸条分别做七个大、小两种规格的泪滴卷。（建议使用衍纸模板）

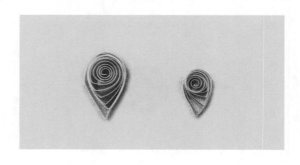

（3）制作花托

步骤一：用手工剪刀从白色卡纸上剪出一个直径为 3~5 厘米的圆片。

步骤二：从边到中心剪一刀，涂胶，做成圆锥体。

（4）合成荷花

步骤一：将花蕊粘在花托上。

步骤二：将做好的大号泪滴卷依次均匀地粘在花托上。

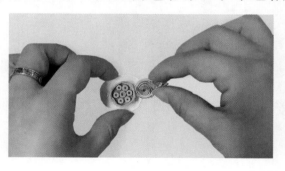

步骤三：将小号的泪滴卷交错粘在大号泪滴卷的上层，荷花就做好了。

2. 制作荷叶

步骤一：用镊子或衍纸笔将 5 毫米的绿色衍纸条快速刮卷，以便于下一步卷曲。

步骤二：用手将衍纸条一头卷曲一定的长度。（注意卷曲部分不能有褶皱）

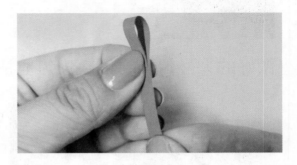

步骤三：按第二步卷曲的长度依次卷，间隔均匀，下端可用白胶固定。

步骤四：一根衍纸条用完，可接下一条，继续按同样的方式缠绕，直到形成一个完整的圆形叶片。

完成上述荷花与荷叶的制作后，可按自己的喜好做大小不同的花朵和叶片，加上之前学过的小鱼和青蛙，把它们组合起来，一幅《荷韵》图就完成了。

第二章
布 艺

　　布艺，在我们的生活中无处不在，从装饰品到实用物品，从家居用品到随身小物。布艺制作是以布为主料，经过一定的技术加工，满足人们日常生活需要的手工活动。

　　老年朋友在布艺制作的过程中，手指进行了很好的运动，从而激活了末梢神经。实践表明，手工制作不仅能改善老年人的用脑机制，也是一项多层次、多功能的健身活动。

第一单元 香 囊

香囊又称香袋、香包、荷包等，用碎布缝成，内装香料，佩在胸前，香气扑鼻。小孩在端午节佩戴香囊，不仅有避邪驱瘟之意，而且有襟头点缀之风。

在香囊里装上艾草可以预防感冒、避邪驱瘟，而且对防蚊驱虫有一定的效果，现在向大家分享香囊的制作方法。

一、材料准备

布料、针线、穗子、剪刀、硬纸板、尺子、铅笔、水消笔、挂绳、抽绳。

二、制作方法

香囊手工制作 扫码观看

步骤一：用铅笔在硬纸板上画出香囊表布和里布（尺寸见下图），然后用剪刀裁剪下来。

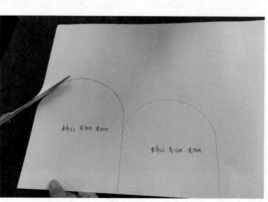

步骤二：将裁剪好的样板用水消笔画在准备好的布料上，并裁剪下来，表布和里布各裁剪两片。

步骤三：开始缝制，将裁剪下来的表布和里布正面相叠，从反面所留缝份缝合，两片里布也进行同样操作。在底部缝一个线结挂穗子。

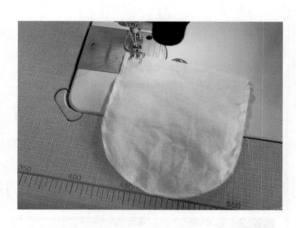

步骤四：将缝合好的表袋和里袋正面相叠，从反面将表袋和里袋拼合在一起，留大概 5 厘米反口，将表袋和里袋从反口处翻到正面。

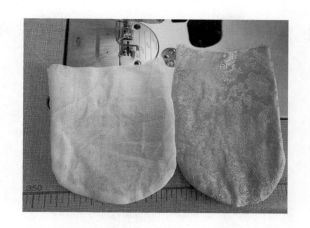

步骤五：整烫平整，缝合反口，并在封口处缝一个线结拴挂绳。

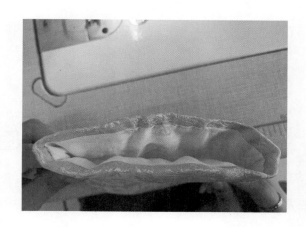

步骤六：距袋口 2.5 厘米和 3 厘米处车缝两道明线，将抽绳穿进去，收紧打结。

步骤七：挂上穗子和挂绳，在香囊里装上艾草、香草等，并将抽绳拉紧。

小贴士

（1）孩子佩戴的中药香囊具有一定的预防保健效果，但是怀孕女性，尤其是孕期前三个月，不适合长期随身佩戴香囊。

（2）老年人最好选择平头、合口不松不紧的剪刀。

（3）缝纫机缝合的部位可以用手缝代替，手缝时要注意安全，避免针尖扎到别人或自己。针上穿线长度不宜过长，控制在 60 厘米以内。

（4）布艺作品完成后，一定要及时收好剪刀、手缝针等尖锐的工具。

第二单元　贝壳零钱包

一、材料准备

铅笔、里布、表布、铺棉、针线、硬纸板、金属拉链、剪刀。

二、制作方法

步骤一：纸样设计。用硬纸板根据自己的喜好设计贝壳零钱包，加大尺寸还可以做成化妆包。

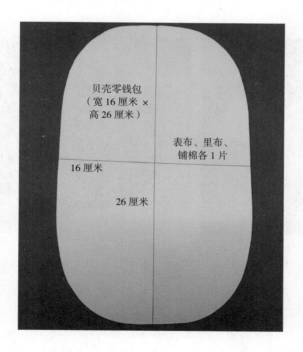

步骤二：用剪刀按纸样裁剪一块表布、一块里布和一块夹层铺棉。（里布和夹层铺棉按照相同的尺寸裁剪）

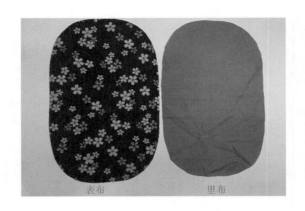

表布　　　　　　里布

步骤三：将表布、里布和夹层铺棉三层叠合一起。包口圆弧处用包边条包边，先将包边条和包的反面以 0.7 厘米的缝份进行缝合，然后翻到正面，将边折进，沿着包边边缘线缝合 0.1 厘米。

步骤四：装拉链。由于拉链是一条弧线，故选择手缝的方法更为灵活。包边条的边缘应始终对准拉链的中心位置。

下图是缝好一边拉链的样子。

步骤五：将拉链的另一半和另一边的包口缝好，注意和前一半对齐。缝好之后，将两侧的包边条（底下没有拉链齿部分）缝合在一起。

步骤六：在反面缝合底部，制作完成。

至此，可爱又精美的贝壳零钱包就做好啦！现在出门买菜逛街就可以把零钱、钥匙统统放进包里，真是既实用又漂亮！

📌 小贴士

上拉链的时候，两边一定要对准、摆正，不然会影响包的形状。

第三单元　帆布手提包

帆布手提包轻便、结实耐用、容量大，是逛街买菜、出门旅行的常备单品，且制作方法简单，没有缝纫机也可以轻松手工缝制。

一、材料准备

硬纸板、帆布、里布、针线、剪刀、铅笔、水消笔。

二、制作方法

步骤一：用铅笔在硬纸板上画出口袋表布和内衬的尺寸，底部左右两边剪两个正方形（正方形越大，做出来的帆布包内空越宽；正方形如果太小，则做出来的包会比较扁平），用剪刀把画好的帆布手提包纸板裁剪下来。

步骤二：将纸板用水消笔画在准备好的布料上面，用剪刀将画好的布片裁剪下来，并裁剪一条宽7厘米的装饰花边和两根宽9厘米的手提包带。

步骤三：将花边折叠、缝合，备用。

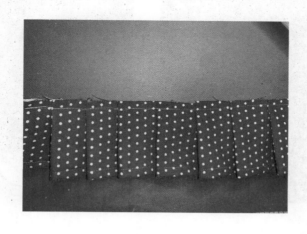

步骤四：将包带折叠好，然后在正面左右两边各压辑一道明线，缝合备用。

步骤五：将帆布上下两片正面相叠，把花边夹在中间，缝合。

步骤六：将外面的帆布和里布的两侧都缝上，正方形部分暂时不缝。

步骤七：将正方形对折进行缝合，作为帆布的底，两块帆布都要缝上。

步骤八：将外面的帆布和里布进行对折收边，最好可以用夹子固定。在缝纫之前，也将帆布包的带子固定在边上，一起缝进去。

步骤九：从留着的反口处将包翻到正面，缝合好反口。精美的帆布手提包就做好啦！可以拿熨斗烫平，会更加立体，最后来一张美美的照片吧！

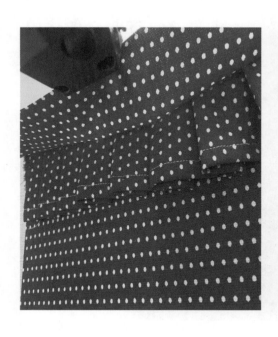

🖈 小贴士

（1）可根据不同的款式设计和创作。

（2）可根据自身需求设计帆布包的大小和形状。

（3）老年人最好选择平头、合口不松不紧的剪刀。

（4）缝纫机缝合的部位可以用手缝代替，使用手缝针时要注意安全，避免针尖扎到别人或自己。针上穿线长度不宜过长，控制在60厘米以内。

（5）布艺作品完成后，一定要及时收好剪刀、手缝针等尖锐的工具。

第三章
超轻黏土

　　超轻黏土是一种新型环保、无毒、自然风干的手工造型材料。超轻黏土在制作过程中容易塑形不粘手，颜色丰富且柔软轻巧，容易揉捏。制作完成后不需要烘烤，自然风干就行。

　　老年人制作超轻黏土会用到揉、捏、搓等各种技法，这些技法能够提高手指灵活度，避免手指关节僵化。简单好玩的制作还能让老年人体验双手的灵巧以及成功制作小摆件的成就感，提升老年生活的乐趣。

第一单元　玫瑰花

一、材料准备

各种色彩的超轻黏土、泥工刀、美工刀、压板、牙签。

二、制作方法

步骤一：取一大块超轻黏土放在掌心，双手相对，用力搓成圆球状。

步骤二：将圆球状超轻黏土放在掌心，两手前后运动，搓成长条状。

步骤三：用泥工刀将长条状超轻黏土切割为大小均匀的十份。

步骤四：把十份大小均匀的超轻黏土分别搓成十个圆球状。

步骤五：用掌心或压板，将圆球状超轻黏土压成圆形的片状。

步骤六：将十片圆形超轻黏土叠成一条直线。

步骤七：从上往下依次卷起。

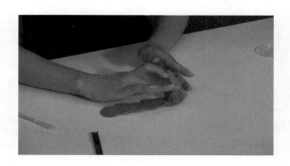

步骤八：将卷状超轻黏土倒放，再用美工刀或牙签切为两份。

步骤九：整理花瓣，两朵玫瑰花就完成了。

🔖 小贴士

（1）在制作中注意保持桌面和手部干净整洁，保证成品的颜色和造型。

（2）在制作中注意各种工具的使用安全，避免错误使用划伤手指。

（3）制作材料和工具放置在小孩不容易接触到的地方，避免误食、误伤。

第二单元 小螃蟹

一、材料准备

各种色彩的超轻黏土、泥工刀、镊子、剪刀。

二、制作方法

步骤一：取一大块橘色超轻黏土放在掌心，双手相对用力，搓成圆球状。

超轻黏土
小螃蟹制作

扫码
观看

步骤二：将圆球状超轻黏土放在掌心，轻微按压成扁扁的椭圆形，作为螃蟹的身体。

步骤三：用泥工刀将长条状超轻黏土切割为大小均匀的四等份，并搓成四个长条。

步骤四：用剪刀把条状超轻黏土剪开变为八份。

步骤五：将小段条状超轻黏土粘在螃蟹身体两侧。

步骤六：再搓两条较长的条状超轻黏土备用。

步骤七：搓两个小圆球，压扁并剪切一刀，和长条状超轻黏土粘在螃蟹身体上，作为大钳子。

步骤八：用镊子取少量白色超轻黏土，搓成两个大小均匀的圆球，压扁粘在钳子中间，作为眼睛。

步骤九：按压嘴巴，粘上粉色小圆片，作为腮红，一只小螃蟹就完成了。

第三单元　多肉植物

一、材料准备

各种色彩的超轻黏土。

二、制作方法

步骤一：取适量的棕色超轻黏土揉成矮小圆柱状，把圆柱直立，用手指按压超轻黏土中部使其凹陷，反复多次，轻压出形状，调整到合适形状。

步骤二：取白色或灰色超轻黏土，搓出许多大小不一的颗粒，摆放在花盆里。

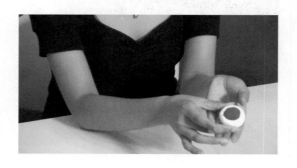

步骤三：取适量由深到浅的绿色超轻黏土，揉成大小合适的多个圆球，颜色越浅，叶片越小。

步骤四：用食指和拇指捏出尖的部分（左手把叶子捏扁，右手食指和拇指捏叶尖），反复多次，捏好多肉盆栽所需的叶片。

步骤五：按颜色深浅层次，一层一层进行粘贴。（粘贴时调整叶片角度，保证所有叶片都有粘贴空间）

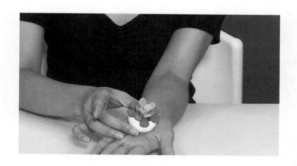

📌 小贴士

（1）防止超轻黏土变硬。

（2）黏土之间一旦粘连就会混色，切记不同颜色黏土要分开放。

（3）制作好后放在小孩无法触摸的地方。

（4）超轻黏土未干之前，不要挤压。

第四章
纸 艺

所谓纸艺，就是和纸制品有关的工艺，如纸艺灯笼、纸艺花卉等。

纸艺制作从材料的选择到制作方法、步骤的确定，从动手制作到不断修改和完善的全过程，都充满了创造精神，在眼手脑协调并用方面有着其独特的优势，是形象思维和逻辑思维的交融，对老年人的生理健康和心理健康都有一定的保健和调节作用。

第一单元　灯　笼

卡纸是一种应用普遍的手工制作材料，色彩丰富，不易褪色，可折叠和剪贴造型，具有很强的可塑性。用卡纸做灯笼，造型力强，立体效果好。

一、材料准备

红黄八开卡纸各一张、剪刀、双面胶、工具刀、直尺、热熔胶枪、胶棒（可用 502 胶水代替）、毛线 30 厘米、铅笔。

二、制作方法

步骤一：取红色卡纸，在纸的上下两端各画出一条约 2 厘米宽的虚线，画出的部分作为灯笼的两端。

春字灯笼　扫码观看

步骤二：在卡纸中间用直尺排列 1 厘米宽的竖实线。

步骤三：用工具刀沿实线切割开，注意两端不要划开。

步骤四：在黄色卡纸背面的顶端、底端往上 5 厘米处、左
（或右）端粘上双面胶。

步骤五：将红色卡纸分别粘贴在黄色卡纸背面两条横着的
双面胶上，向上挤压成拱形，并粘贴牢固。

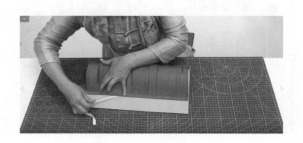

步骤六：将粘贴好的红色、黄色卡纸卷成筒状，接口处将双面胶粘牢（如有热熔胶枪，可用它加固）。

步骤七：用热熔胶枪或 502 胶水将毛线粘贴在灯笼口两边，形成提线。

步骤八：将露出的黄色卡纸剪成细条状，作为灯笼的穗子。

至此，卡纸剪贴灯笼就制作完成了！

📌 **小贴士**

（1）热熔胶枪通电后会较热，注意不要接触发热部位，安全摆放。

（2）用工具刀和剪刀时注意安全，不要伤到自己或他人。

第二单元　奥斯汀玫瑰

纸艺花卉制作有益于锻炼老年人的动手能力，也有益于陶冶情操，提升老年人的审美能力，丰富业余生活。

一、材料准备

细铁丝、花杆、白乳胶、手揉纸、浮染纸、花蕊、锥子、纱布、保丽龙球、珠子、QQ 线、叶片和花瓣模板、剪刀。

二、制作方法

1. 制作花蕊

步骤一：将花蕊用细铁丝整理。

步骤二：对折花蕊，用 QQ 线捆绑成形。

2. 制作花瓣

步骤一：展开手揉纸。

步骤二：按照花瓣模板剪出小花瓣 42~49 片。

步骤三：剪出中、大花瓣各 12 片。

步骤四：将每一片花瓣用锥子卷好。

步骤五：用纱布按压。

步骤六：重复两次以上步骤，形成花瓣的纹路。

步骤七：展开，用指甲将花瓣上部边缘刮薄。

步骤八：造型，形成花瓣。

步骤九：所有花瓣造型完毕。

3.组合花瓣

步骤一：将白乳胶涂抹于花瓣内部。

步骤二：将花瓣依次叠粘在细铁丝上，注意每片花瓣的错落关系。

步骤三：6片小花瓣粘贴为一组，共7组。

步骤四：将中、大花瓣错位粘贴在细铁丝上。

步骤五：2 片一组，共 6 组。

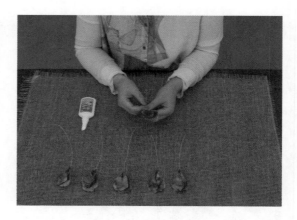

步骤六：将组合好的 7 组小花瓣依次用 QQ 线固定在花蕊周围。

步骤七：将中、大花瓣略微造型后，继续绕圈、包裹、组合。

4. 制作花苞

步骤一：将细铁丝穿过水滴状保丽龙球。

步骤二：在底部固定一个小珠子，形成花芯。

步骤三：将 4 片花瓣涂上白乳胶，错位叠粘于花蕊上，注意最后一片花瓣压于第一片花瓣之下。

5. 制作花萼

步骤一：折叠浮染纸，剪出花萼形状，约 5 片。

步骤二：将剪好的花萼轻拧出造型，然后将白乳胶涂抹于花萼内部，依次粘于花瓣底部。

步骤三：花苞的花萼制作方法同上。

6. 制作绿叶

步骤一：按照叶片模板，用浮染纸剪出大、小绿叶。

步骤二：将细铁丝粘贴在叶子中线处。

步骤三：压出经脉，简单造型。

步骤四：用绿色长条包杆，3 片绿叶为一组进行组合，共
3 组。

7. 组合花叶

步骤一：用宽 1~1.5 厘米的纸条缠绕花杆。

步骤二：将叶片固定于花杆上，最后整理花束形状。

第三单元　向日葵

纸藤制作有益于老年人手部精细动作的锻炼，陶冶情操，增强审美能力，并能丰富业余生活，提升幸福感与生活质量。

一、材料准备

皱纹纸、白乳胶、固体胶、手揉纸、绿胶带、细铁丝、花杆、纸藤、热熔胶枪、剪刀以及叶片、花萼和花瓣模板。

二、制作方法

1. 制作花蕊

步骤一：用棕色和黑色皱纹纸折叠后剪成大小一样的长条，棕色五条，黑色三条。

步骤二：将剪好的长条状皱纹纸拉长，折叠后剪成流苏状，注意不要剪断。

步骤三：将剪成流苏状的长条对折四次，然后捋成柱状，再用手指将每一根流苏进行造型。其他几条全部重复以上制作方法。

2.组合花蕊

步骤一：将做好造型的黑色流苏长条展开，涂上白乳胶，用花杆铁丝进行卷折粘贴，制作成花蕊。注意整理造型，形成下面饱满、上面流苏散装分布的样式。

步骤二：再将棕色流苏长条沿着黑色花蕊外缘进行粘贴，重复之前的制作方法，边粘贴边整理造型，尽量做到饱满。注意花蕊的底部一定要粘贴牢固。

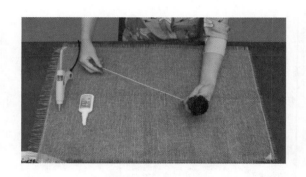

3. 剪出花瓣

步骤一：将黄色的纸藤剪下一段，展开，涂上固体胶后对折粘贴，对照花瓣模板剪下。

步骤二：像拧毛巾一样将花瓣做造型，最后将花瓣底部向中心折叠。重复此方法，剪出 30 片花瓣。

4. 组合花头

步骤一：将制作好的花瓣沿花蕊的边缘进行粘贴，粘贴时将折叠的一头朝内，第一圈按顺序粘贴。

步骤二：第二圈对准第一圈的空隙处粘贴，以此类推，将所有制作好的花瓣依次粘贴完成。

步骤三：在粘贴过程中要注意花朵的造型，尽量做到饱满、美观、错落有致。

5. 制作花萼

步骤一：取出绿色手揉纸，折叠两次后，再均分成三份，剪出花萼的形状。

步骤二：揉捏造型，共需要三个花萼。

6.组合花朵

　　用第一片花萼沿花朵的边缘进行粘贴，其他两片花萼依次与第一片粘贴，最后在花杆处捏紧、固定。粘贴过程中注意错落有致，形成层次。

7. 制作叶子

用绿色纸藤折叠后沿模板剪出叶片的形状，然后用细铁丝粘贴组合，制作成叶子。

8. 组合叶片

用绿胶带将叶子组合在花朵下方，形成完整的花束。

糕点制作篇

第五章
西式糕点

　　西式糕点主要是指来源于欧美国家的糕饼点心，它以面粉、糖、油脂、鸡蛋和乳品为主要原料，辅以干鲜果品和调味品，经过调制、成型、成熟、装饰等工艺过程而制成的具有一定色、香、味、形的食品。主要制作方法是烘焙。

　　烘焙是一种有趣的活动，无论是做给自己吃，还是做给家人吃，都是创造幸福滋味的方法。

第一单元　玛德琳蛋糕

玛德琳蛋糕是法国家喻户晓的小点心，这款丰满肥腴、小腹便便的甜点，有着浓郁的黄油香气、焦黄的酥脆外壳和松软的香甜内在。当然，最具代表性的是它贝壳状的外形，所以又被称为"贝壳蛋糕"。

一、材料准备

鸡蛋 2 个、细砂糖 35 克、黄油 40 克、低筋面粉 80 克、泡打粉 2 克、盐 1 克、柠檬 1 个。

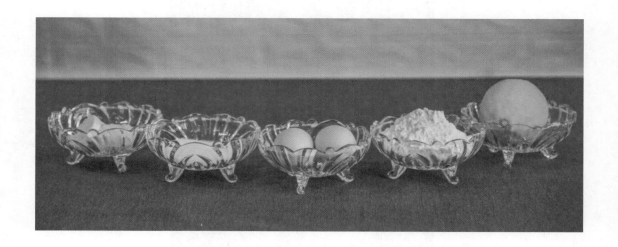

烤箱、贝壳不粘模具、手动打蛋器、刨丝器、不锈钢盆、玻璃碗、裱花袋、过筛网、厨房秤、保鲜膜。

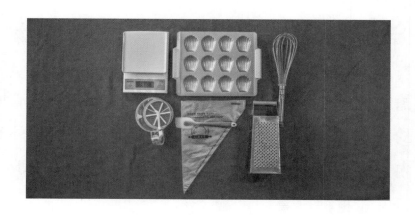

二、制作方法

步骤一：将黄油隔水融化，或用微波炉融化，放至室温。

步骤二：将鸡蛋打入不锈钢盆中，加入细砂糖，用手动打蛋器搅拌均匀至细砂糖全部溶化。

步骤三：用过筛网将低筋面粉、泡打粉和盐混合过筛，倒入蛋液中，搅拌成均匀的面糊。

步骤四：用刨丝器对柠檬皮进行刨削（注意只要黄色表皮，不要刨到白色部分，否则会有苦涩的味道），装于玻璃碗内，将刨好的柠檬皮屑加入面糊中搅拌均匀。

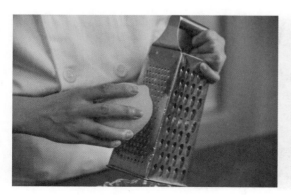

步骤五：将融化的黄油加入面糊中搅拌均匀，搅拌好的面糊应细腻柔滑。

步骤六：覆盖保鲜膜，放入冰箱冷藏 2~3 小时。如果时间充裕，冷藏一夜，风味更佳。

步骤七：冷藏好的面糊稍稍回温，装入裱花袋中（可以把裱花袋套在一个宽口容器里），此时需将烤箱提前预热到180℃。

步骤八：将面糊挤入贝壳不粘模具中，八分满即可（放太满，在烤制时容易溢出，影响成品的美观），轻震烤盘两三次，震出大气泡。

步骤九：送入预热好的烤箱，定时18分钟。

步骤十：时间到，蛋糕出炉，然后趁热脱模，将玛德琳蛋糕装入盘子。

💡 小贴士

（1）想烤出正面上色均匀而焦黄的玛德琳蛋糕，建议使用不粘金属模具。

（2）想要做出漂亮的玛德琳蛋糕要有耐心，面糊一定要冷藏，且挤入模具时八分满即可。

（3）配方里的烤箱温度和时间是参考值，每个烤箱（专业烤箱或家用烤箱）的功能不一样，放入烤箱后，需仔细观察，根据蛋糕的成型、色泽来调整温度和时间。

（4）此配方是根据老年人低糖、低油的饮食习惯进行定制的。若有血糖较高的老年人食用，可将细砂糖替换为木糖醇。

第二单元　原味曲奇

原味曲奇是饼干的一种，以低筋面粉为原料，以糖粉、黄油等为调料制作而成，口感松软，入口即化，甜味适中，每一口都让人难以忘怀。

一、材料准备

黄油 70 克、色拉油 70 克、糖粉 50 克、牛奶 70 克、低筋面粉 200 克。

烤箱、烤盘、电动打蛋器、不锈钢盆、裱花袋、8 齿裱花嘴、剪刀、软刮刀。

二、制作方法

步骤一：将黄油放至室温，自然解冻软化。

步骤二：将软化好的黄油倒入干净的不锈钢盆中，加入糖粉搅拌均匀。

步骤三：用电动打蛋器进行打发，打发好的黄油糊体积蓬松，颜色变浅，搅拌网周边的黄油呈羽毛状。

步骤四：少量多次加入色拉油，搅拌均匀。

步骤五：少量多次加入牛奶，搅拌均匀。

步骤六：加入低筋面粉，用软刮刀进行上下翻拌，搅拌至均匀无颗粒状。

步骤七：将 8 齿裱花嘴放入裱花袋底部，用剪刀剪掉裱花袋尖端。

步骤八：将搅拌均匀的黄油面糊装入裱花袋中，然后把裱花袋拿在手里，开口处绕在食指上，避免面糊挤出。

步骤九：将黄油面糊挤至烤盘中，可以挤出一些形状，常见的有玫瑰花形状，就是以中心为圆点逆时针方向呈螺旋状挤一圈，也可挤出其他想要的形状。

步骤十：提前将烤箱预热至 180 ℃，5 分钟后把烤盘放入烤箱，定时 25 分钟。原味曲奇出炉，色泽金黄、口感酥脆。

💡 小贴士

（1）黄油需冷冻储藏，使用前提前放至室温自然解冻软化，但绝不可化成液体，否则容易油水分离，导致曲奇没有酥脆感和蓬松感。

（2）曲奇的酥松度与黄油的打发有关，在黄油打发过程中需顺着一个方向进行，这样才能包裹进空气，在烘烤过程中，饼干才会膨胀。

（3）加入低筋面粉时需采用上下翻拌的手法，能让曲奇的口感更加酥松。

（4）挤黄油面糊时，黄油面糊之间需留一定间隙，防止烘烤后膨胀粘连在一起，挤的大小尽量均匀，烘烤成熟度也会一致。

第三单元　雪花酥

　　雪花酥口感松脆酥软，是用棉花糖混合饼干、坚果以及草莓干制作出来的一种点心，裹上一层奶粉，像外面裹上白色的雪。雪花酥如其名，吃起来酥酥软软，浓郁的奶香又夹杂着坚果的香气和水果干的酸甜，口感极其丰富。

一、材料准备

　　奶粉 40 克、混合坚果 20 克、草莓干 25 克、棉花糖 120 克、小奇福饼干 100 克、黄油 40 克。

　　不粘平底锅、软刮刀、不锈钢盆、碗、不粘烤盘、切刀、案板。

二、制作方法

　　步骤一：把黄油放入不粘平底锅，小火熬至液态。

雪花酥

扫码观看

步骤二：将棉花糖加入不粘平底锅中翻拌，使其充分融合，至棉花糖出现拉丝程度。

步骤三：加入奶粉，翻拌均匀。

步骤四：加入混合坚果、小奇福饼干、草莓干，快速翻拌均匀。

步骤五：将翻拌均匀的材料放入不粘烤盘中，按压整形，整成大的长方形块。

步骤六：待放至常温后，撒少许奶粉至案板上，用刀切开，切成大小均匀的长方形小块。

步骤七：另取少许奶粉至碗中，将雪花酥表面均匀裹上一层奶粉，装盘即可。

💡 **小贴士**

（1）选择器具时必须使用不粘平底锅。

（2）火候最好全程控制为小火，在棉花糖溶化后立马关火，不然口感会偏硬。

（3）雪花酥需密封放在阴凉处保存，可保存一周左右。

（4）患有糖尿病的老年人忌食。

第六章
中式面点

　　中国的面点小吃历史悠久，风味各异，品种繁多。面点小吃的历史可上溯到新石器石代，当时已有石磨，可加工面粉，做成粉状食品。到了春秋战国时期，已出现油炸及蒸制的面点，如蜜饵、酏食、糁食等。此后，随着炊具和灶具的改进，中国面点小吃的原料、制法、品种日益丰富，出现许多大众化风味的小吃，如北方的饺子、面条、拉面、煎饼、汤圆等，南方的烧卖、春卷、粽子、元宵、油条等。

　　中式面点在制作过程中，需要老年朋友们开动脑筋，集中精力，团结协作，做好后大家还能一起品尝。热闹的气氛，不仅能丰富老年人的娱乐文化生活，还可以增强社区老年人的身体素质，促进老年人之间的友情。

第一单元 白面馒头

馒头，别称"馍""馍馍""蒸馍"，为中国传统面食之一，是一种用发酵的面蒸成的食品。馒头以小麦面粉为主要原料，是中国人日常主食之一。

一、材料准备

中筋面粉 500 克、即发干酵母 6 克、泡打粉 5 克、白糖 50 克、温水（30 ℃左右）250 克、色拉油适量、猪油 5 克。

盆、碗、蒸锅、菜刀、湿毛巾、案板等。

二、制作方法

步骤一：将面粉、泡打粉放在大盆里混合均匀，待用。

步骤二：将酵母、白糖放在温水中（单独一个盆）混合搅拌溶解后倒入步骤一的大盆中，用力快速和匀，揉成光滑面团。

💡 **小贴士**

（1）光滑的判断依据是"三光"，即面光、盆光、手光。

（2）冬天最好用 30 ℃的温水将糖、酵母溶化。温度过高，酵母会被烫死，达不到发酵效果；温度过低，自然醒发时间会很长。

步骤三：用干净的湿毛巾盖在面团上，静置醒发 10~15 分钟。

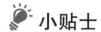

小贴士

（1）湿毛巾要拧干。

（2）家里不用湿毛巾，可以用锅盖盖在盆上，防止面团表皮变干。

（3）醒发的目的是让酵母、糖、猪油、水、面粉一起成团后充分发挥各自效果，为下一步做铺垫。

步骤四：将面团取出，放在撒上面粉的案板上再揉一揉，然后搓成长条（直径2~3厘米），用刀切成长方形的生坯，放入刷了油的蒸笼里醒发30分钟。

小贴士

（1）每一个生坯摆放间隔2个手指头宽，醒发后会变大。

（2）蒸笼一定要刷色拉油，防止粘连。

（3）冬天醒发要领：①蒸锅里面将水烧至35 ℃左右关火，将放上馒头生坯的蒸格放入锅中，盖上锅盖醒发，待馒头生坯比原来大1~2倍即可将蒸格和醒发好的馒头生坯一同取出，待蒸。②还可以把锅烧热，蒸笼放锅上面，盖上盖子，但蒸汽醒发的缺点就是湿度太大。

（4）醒发时间要根据生坯变化情况而定。

步骤五：沸水旺火蒸10分钟即成。

小贴士

（1）待锅边冒蒸汽时，计时蒸10分钟即可关火，中途不揭盖，要一气呵成。

（2）关火后等待 1 分钟再开盖取出。

（3）注意安全，规范操作，避免受伤。

第二单元　鲜肉包子

包子是一种饱腹感很强的主食，是人们生活中不可或缺的食物，它是由面和馅包起来的。做好的包子皮薄馅多，松软好吃，还可以做出各种花样。

一、材料准备

中筋面粉 500 克、即发干酵母 6 克、泡打粉 5 克、白糖 20 克、温水（30 ℃左右）250 克、去皮三线肉 300 克、葱花（小葱）200 克、盐 3 克、鸡精 2 克、料酒 1 克、姜末 5 克、水 70 克、香油 5 克。

厨房秤、擀面杖、刮刀、蒸锅、盆、碗、菜板、菜刀、湿毛巾等。

二、制作方法

鲜肉包子　扫码观看

1. 制馅

步骤一：将小葱洗净整理，切成葱花待用。

步骤二：将肉洗净剁细放在盆里，加盐 3 克、鸡精 2 克、料酒 1 克、姜末 5 克，拌匀，少量多次加水，用手按顺时针或逆时针（同一个方向）搅拌至胶状，最后加入香油和葱花拌匀成馅（初学者可以将制好的馅放在冰箱冷冻室中冻一会儿，便于包，但不能冻硬）。

2. 制皮

步骤一：在面粉中加泡打粉，放在大盆里拌匀。

步骤二：白糖和酵母用温水稀释后加在面粉里，揉成"三光"面团，盖上湿毛巾（或锅盖）静置，醒发 10 分钟。

3. 成形

步骤一：取出面团揉光滑，再搓条、下剂成 25 克重的剂子。

步骤二：用擀面杖擀成直径 7 厘米（约手掌宽度）的面皮（中间稍厚一点）。

步骤三：包上馅，捏成 12 个褶皱的生坯，摆放在刷油的蒸笼里，每个间距约 2 厘米。

4. 成熟

用温水醒发 25 分钟左右（待包子生坯醒发到松软，增大 1

倍时），再用沸水旺火蒸10分钟（从锅冒蒸气开始计时），出笼，摆盘即可。

第三单元 红糖锅盔

红糖锅盔是一道烹饪简单、营养丰富的面食，主要食材有面粉、酵母、红糖等，配料可以采用牛奶、花生、芝麻等，通过蒸、煎的方式制作而成。

一、材料准备

中筋面粉500克、即发干酵母6克、无铝泡打粉5克、白糖50克、温水（30 ℃左右）250克、色拉油适量、袋装红砂糖250克、猪油100克、去皮芝麻50克。

擀面杖、蒸锅、盆、平底锅、湿毛巾等。

二、制作方法

1. 制皮

步骤一：将面粉加泡打粉放在盆里拌匀。

步骤二：白糖和酵母用温水稀释后加在面粉里，和成雪花状，揉成"三光"面团，盖上湿毛巾（或锅盖）静置，醒发 10 分钟。

2. 制馅

去皮芝麻用小火慢慢炒香，加红砂糖、猪油拌匀成馅，搓成 8 克重的馅，放冰箱冷冻一会儿待用。

3. 成形

取出面团揉光滑，再搓条、下剂成 20 克重的剂子，擀成直径 6 厘米的面皮（中间稍厚一点），包上馅，用手压成饼状即成红糖锅盔生坯，收口朝下，放在刷油的蒸笼里，每个间距约 2 厘米。

4. 成熟

用温水醒发 15 分钟左右（待生坯醒发松软并增大 1 倍时），

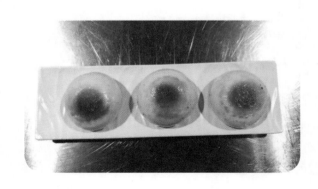

再用沸水大火蒸 5 分钟（从锅冒蒸汽开始计时）后关火，待冷却后出笼。平底锅预热，倒入适量色拉油，摆放好蒸熟的红糖锅盔，用中火煎至两面金黄即可。

非遗工艺篇

第七章
剪　纸

　　剪纸是中国古老的民间艺术，有着悠久的历史和独特的艺术风格。剪纸艺术是一门"易学"但却"难精"的民间技艺。早期的剪纸作者大多是乡村妇女和民间艺人，由于他们以现实生活中的见闻事物作题材，对物象观察全凭纯朴的感情与直觉的印象，因此形成的剪纸艺术浑厚、单纯、简洁、明快。

　　对于老年人而言，剪纸能锻炼动手和动脑能力，修身养性。

第一单元　纸葫芦

葫芦谐音福禄，深受我国人民喜爱。在本课程中，将运用前面学到的团花和剪纸语言来装饰葫芦，既美观又简单。

一、材料准备

刀身短、刀尖小而锋利的剪刀，大红纸，双面红纸，手揉纸，彩纸等。

二、制作方法

剪葫芦　　扫码观看

步骤一：准备一张方形纸，并沿竖中轴线向右对折。

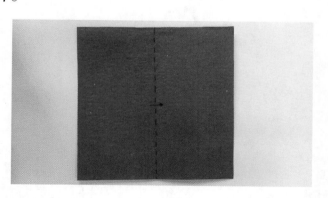

步骤二：设计葫芦的外形。

步骤三：在葫芦下半圆部分等分五个角，每个角约36°。

步骤四：重叠折叠这五个角。

步骤五：用水滴或月牙等剪纸语言设计团花内部，并镂空。

步骤六：展开。

可用不同形式的团花装饰葫芦，也可在葫芦上下两个圆中设计团花。

💡 **小贴士**

（1）用剪刀时注意安全，别误伤了自己或他人。

（2）要及时清理剪纸过程中产生的垃圾。

第二单元　纸蝴蝶

蝴蝶外形漂亮，是美的化身，深受人们喜爱，剪纸中用团花和剪纸语言来装饰蝴蝶翅膀，能使老年朋友们更深刻地领会剪纸设计装饰方法，并能举一反三。

一、材料准备

刀身短、刀尖小而锋利的剪刀，大红纸，双面红纸，手揉纸，铅笔，彩纸等。

二、制作方法

步骤一：准备一张方形纸，并沿竖中轴线向右对折。

步骤二：设计蝴蝶的外形。

步骤三：在蝴蝶翅膀中用圆预留团花的位置，其他的地方用水滴、柳叶、锯齿等剪纸语言来装饰蝴蝶。

步骤四：在预留的圆处折叠三折团花，并镂空图形。

步骤五：展开。

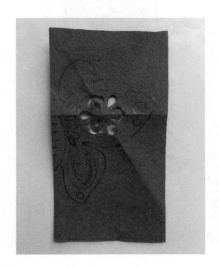

步骤六：按对折方法镂空水滴、圆孔、月牙、锯齿。

步骤七：按蝴蝶外形剪掉多余纸张。

步骤八：展开。

设计团花时，既可以在蝴蝶上下两对翅膀上设计，也可以在蝴蝶身体中间设计。

第三单元　寿　字

中国传统文化中，当老人过寿时，常常用剪纸"寿"表达对老寿星的祝福。圆形的"寿"字有和和美美、圆圆满满的意思。

一、材料准备

刀身短、刀尖小而锋利的剪刀，大红纸，双面红纸，手揉纸，彩纸，铅笔等。

二、制作方法

步骤一：准备一张正方形大红纸，并沿横中轴线向上对折。

步骤二：按竖中轴线向右对折。

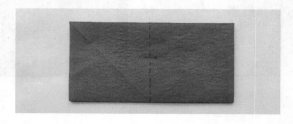

步骤三：画出圆形"寿"字的外形。

步骤四：在正方形下面一半处画三条粗线，并确定出右侧竖线的宽度。

步骤五：完善第二条线和第三条线的形状及宽度。

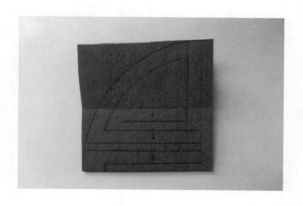

步骤六：完善第一条线的形状及宽度。

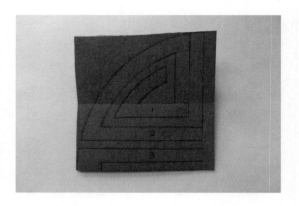

步骤七：把要镂空的地方画上阴影。

步骤八：镂空阴影部分，注意别把连接的小线条剪掉了。

步骤九：展开。

可以把圆形"寿"字和团花结合设计，也可以剪其他圆形"寿"字。

第四单元 喜 字

喜花剪纸多是折剪，先把纸张对折剪出"喜"字的内侧，再用掏剪剪出"喜"字的外侧，剪出两个口，"喜"字就剪好了。

一、材料准备

长方形或正方形的纸（纸的宽度就是双"喜"字的宽度）、剪刀、铅笔。

二、制作方法

步骤一：将纸对折一次。

步骤二：将纸再对折一次。

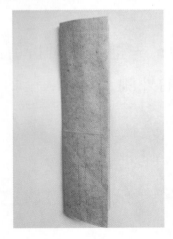

步骤三：按图画出样（认真观察纸的方向，打不开的一侧在左边）。

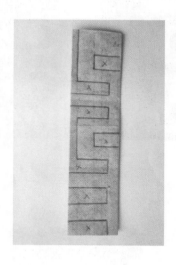

步骤四：完成图样剪制，打开成品。

发挥自己的想象力，可以创作出更多的"喜"字！

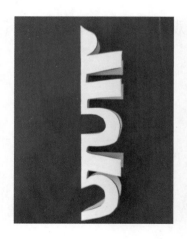 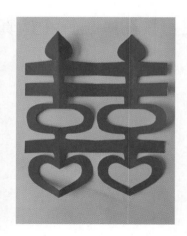

 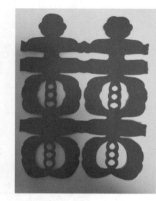 

💡 小贴士

（1）剪刀不能过松或过紧，不然会影响剪纸的操作。可以调整一下剪刀轴，松紧适中，方便剪纸。

（2）在使用剪刀的过程中或者在相互递剪刀时，一定不要把剪刀尖对准他人。

食品雕刻篇

第八章
果　蔬

　　食品雕刻是用烹饪原料，雕刻成各种动植物和建筑物。食品雕刻的常用原料有两大类：一类是质地细密、坚实脆嫩、色泽纯正的根、茎、叶、瓜、果等蔬菜；另一类是既能食用，又能供观赏的熟食食品，如蛋类制品。

　　年过花甲，人的学习能力有一定减弱，但果蔬雕刻能够充实老年人的精神生活，锻炼老年人的大脑思维能力。

第一单元　番茄皮卷花

一、材料准备

菜板、菜刀、水果刀、平盘、番茄（表皮光滑红润）、黄瓜。

二、制作方法

步骤一：番茄清洗干净，从底部进刀旋刻削出厚薄一致的皮，一直旋刻直至整个番茄削完，留皮备用。

步骤二：番茄皮从末端开始卷，紧密有序卷至成形，放盘

中三分之一处整理造型。

步骤三：黄瓜清洗干净，擦干水分，推刀切出叶子形状，注意进刀深度。同样的方法切出三片叶子备用。

步骤四：做好的黄瓜叶片摆放在花边，一定注意整体搭配。为了让作品更具流线美，可以有黄瓜刻两根枝丫搭配在作品中。这样利用番茄皮和黄瓜创作的盘饰作品就完成了。

💡 小贴士

（1）番茄皮在雕刻时一定要厚薄一致，更利于造型美观。

（2）叶子可用蔬菜叶或者香菜叶替代。

（3）削皮能更好地保证番茄营养素不流失。

第二单元　四角花

本课程和大家分享果蔬雕刻盘饰艺术——四角花雕刻。

一、材料准备

菜板、菜刀、水果刀、平盘、胡萝卜、香菜叶。

二、制作方法

步骤一：原料清洗干净，胡萝卜用菜刀切掉四面，呈现一个规整的长方体。

步骤二：水果刀沿着长方体的四个角，依次下刀刻出厚薄一致的花瓣，相交于一个点，原料自动脱落，一朵四角花就雕刻完成了。

步骤三：依次刻出十朵四角花，浸泡于凉水中备用。

步骤四：四角花捞出沥干水分，依次叠拼，第一层摆五朵，第二层摆三朵，第三层摆两朵，一定注意整体搭配。

步骤五：最后加上香菜点缀出叶子花杆形状，这样漂亮的盘饰作品就完成了。

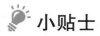 小贴士

四角花可广泛用于各种菜品装饰，是家里提升美食情趣的重要操作技能。

第三单元　果　盘

本课程和大家分享果蔬雕刻果盘制作。

一、材料准备

菜板、菜刀、水果刀、牙签、平盘、西瓜、苹果、小番茄、葡萄、哈密瓜、李子、芒果。

二、制作方法

步骤一：所有水果都清洗干净，用浓盐水浸泡 10 分钟。

步骤二：用菜刀把西瓜切成大块，再用水果刀切出果皮。

果蔬雕刻之
果盘制作

扫码
观看

步骤三：用瓜皮做出船帆，并用牙签固定在瓜皮上。

步骤四：将西瓜肉切成1厘米厚薄一致的片。苹果改刀切块，在皮上刻出花纹。

步骤五：把芒果竖着切成两半，然后将其中一半芒果的果肉切成菱形小块儿。

步骤六：将哈密瓜先切成条形，然后在条形的哈密瓜上横着切七刀，做出哈密瓜船。

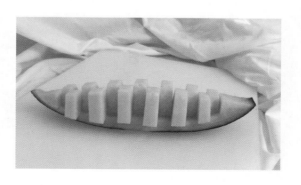

步骤七：所有水果进行拼摆造型，一定注意从美学角度调整，这样一个简洁美观的果盘就完成了。

 小贴士

（1）西瓜皮很硬很脆，注意操作安全。

（2）水果在食用前，必须用浓盐水浸泡消毒杀菌。

（3）整个作品的色彩一定要协调，也可以另加一些创作灵感。